降噪工程师
翠 鸟

陈建国 张 晶 著

科学普及出版社
·北 京·

图书在版编目（CIP）数据

降噪工程师:翠鸟 / 陈建国, 张晶著. —北京:科学
普及出版社, 2017.9

ISBN 978-7-110-09665-9

Ⅰ.①翠… Ⅱ.①陈… ②张… Ⅲ.①鸟类—普及
读物 Ⅳ.① Q959.7-49

中国版本图书馆 CIP 数据核字 (2017) 第 240633 号

策划编辑	韩 颖 许 慧
责任编辑	李双北
装帧设计	中文天地
责任校对	杨京华
责任印制	马宇晨

出 版	科学普及出版社
发 行	中国科学技术出版社发行部
地 址	北京市海淀区中关村南大街16号
邮 编	100081
发行电话	010-62173865
传 真	010-62179148
网 址	http://www.cspbooks.com.cn

开 本	787mm × 1092mm 1/16
字 数	100千字
印 张	4.75
版 次	2017年10月第1版
印 次	2017年10月第1次印刷
印 刷	鸿博昊天科技有限公司
书 号	ISBN 978-7-110-09665-9 / Q · 227
定 价	29.80元

感谢人类朋友对我们的喜爱

愿我们共同美好和谐地生活在一起

小翠鸟

卷首语

　　我们在伪装帐篷中架好相机等待翠鸟的到来……突然，一只漂亮的翠鸟悄然无声地落在不远的树枝上。看见那身着五颜六色华丽羽毛的小鸟落在近在咫尺的镜头前，我被惊呆了：太漂亮啦！一双又大又黑的眼睛一眨不眨地盯着水下，一对橘红色的脚掌不停地左右移动。猛地，它以千分之一秒的极速瞬间扎进水里，不一会儿叼着小鱼落到树枝上，将嘴中捕获的小鱼摔来耍去，直到那小鱼晕了、鱼骨变软了，才三口两口地将鱼吞下。我被它迷住了，竟然忘记了按下快门。

　　小翠鸟来无声、去无踪，想清晰精准地定格它的精彩瞬间，实在是一件太难的事情。我喜欢这美丽的小精灵。

　　遗憾的是，为了保护鸟类和受条件所限，很多翠鸟的习性（如水中捕食、喂养雏鸟）以及翠鸟的种类等都难以拍摄到。为了较为完整地讲述翠鸟的故事，书中引用了一些图片，作者尽可能注明了资料来源，在此一并向原作者致谢。

陈建国

目 录
CONTENTS

可爱的蓝精灵

色彩缤纷的翠鸟家族

翠鸟的家族很大，世界上 90 多种躯体短肥的独栖鸟类都归到这个大家族里。世界各地都有翠鸟，它是数量多、分布广的鸟类之一。我国就发现有 10 多种。

翠鸟的基本特征是：体型矮小短胖，和麻雀大小差不多，身长约 15 厘米。外形有点像啄木鸟，头大，身体小，嘴壳硬，嘴长而强直，有棱角，末端尖锐，尾巴短小。

因为这类鸟的背部和面部的羽毛翠蓝发亮，因而通称为翠鸟。

中国的翠鸟主要有三种：斑头翠鸟、蓝耳翠鸟和普通翠鸟。普通翠鸟最常见，分布也最广。

翠鸟有林栖和水栖两大类型：水栖翠鸟是捕鱼的高手，也捕食其他水生动物，是翠鸟中最常见的类群；林栖翠鸟则以昆虫为主食。

普通翠鸟

　　普通翠鸟是小型鸟类，体长 16~17 厘米，体重 40~45 克，寿命约 15 年。外形和斑头大翠鸟相似，但体型较小，身体颜色较淡，耳覆羽棕色，翅脖和尾巴的颜色偏蓝，下体为红褐色，耳后有一块白斑。雌鸟上体羽色较雄鸟稍淡，多蓝色，少绿色。

　　普通翠鸟大多是留鸟。喜欢单独或成对活动，它们常常栖息于有灌丛或疏林、水清澈而缓流的小河、溪涧和湖泊等水域。时常独栖在近水边的树枝上或岩石上，伺机猎食，食物以小鱼为主，兼食甲壳类和多种水生昆虫及其幼虫，也啄食小型蛙类和少量水生植物。有极强的捕食本领。

　　主要分布于北非、欧亚大陆、日本、印度、马来半岛、新几内亚和所罗门群岛。

蓝耳翠鸟

　　蓝耳翠鸟属小型鸟类，体长 15 厘米左右，上体为蓝色，下体为栗色，脚红色。身体呈流线型。外形似普通翠鸟，但没有普通翠鸟的橘色贯眼纹，上体蓝色也与普通翠鸟的绿色有别。蓝耳翠鸟有林栖和水栖两大类型。林栖类蓝耳翠鸟远离水域，以昆虫为主食；水栖类蓝耳翠鸟主要生活在淡水域，喜欢在池塘、沼泽、溪边生活觅食，食物以鱼、虾、昆虫为主。

　　蓝耳翠鸟为留鸟，主要栖息于海拔 1500 米以下的常绿阔叶林中的河流岸边，尤其是森林茂密而且水生动物丰富的林中溪流地带。我国的蓝耳翠鸟主要分布于云南勐腊地区，为国家二级保护动物。

斑头大翠鸟

　　斑头大翠鸟与普通翠鸟极相似，但个头较大，身长约 22 厘米。上体主要为黑褐色，背部中央有一亮绿色纵线，耳羽为蓝色，胸和腹为栗色，头和颈为黑色。栖息于海拔 1200 米以下的低山丘陵和山脚平原地带的森林河流岸边。平时常独栖在近水边的树枝或岩石上，伺机猎食，食物以小鱼为主，兼食甲壳类和多种水生昆虫及其幼虫，有时兼食一些植物性食物。

　　主要分布于印度北部、孟加拉国、锡金、不丹、缅甸、泰国、老挝和越南北部。

身怀绝技的聪明鸟

行动敏捷的打渔郎

翠鸟性情孤僻，总是栖在近水边的树枝上或岩石上，不眨眼地死盯着水面，聚精会神地等待机会捕食。一旦发现目标，就能以闪电般的速度飞入水中，准确无误地捕捉到猎物。因此，人们又称它为"鱼虎""水狗"或"鱼狗"。翠鸟每天可以捕捉到几十条小鱼。

翠鸟能让自己过上好日子的本领很多。

瞬间冲刺的超级速度。翠鸟天生有一种快速俯冲的绝技。一旦发现鱼鳞银光一闪，它便立即紧夹双翼，身体像子弹似地笔直插入水中，双喙像钳子一样张开，紧紧地钳住猎物。随后，振翅冲出水面，衔着猎物飞回原处慢慢享用。整个捕食的过程不过几秒钟。

超强视力。翠鸟有一个极棒的天赋，就是它的眼睛在扎入水中后还能保持极佳的视力，可以精确地定位。研究发现，它的眼睛进入水中后，能迅速调整由水中光线造成的视角反差。因此，翠鸟的捕食命中率几乎是百发百中。

不怕水的羽毛。翠鸟的羽毛中隐藏着许多气袋，尾部还有分泌防水油的腺体，因此，它可以在水中迅速潜游而且羽毛还不湿。

组图：《破冰捕鱼》

高超的捕食战术

　　翠鸟是一种采用埋伏式捕食的捕猎者。但当水面反光较强、不适合"蹲点守候"的时候，翠鸟还会施展它的另一项绝技——飞到距离水面约10米的高空，快速拍打翅膀，使自己像直升机一样"悬停"，并紧盯着水面，一旦发现猎物便收紧翅膀一头扎进水里将猎物捉住。

科学的进食方式

　　翠鸟捕到鱼后，就会衔着猎物飞回原处慢慢享用。当捕到较大的鱼时，就用喙将鱼使劲地甩打，直到鱼不能动弹为止，然后再仰起头不停地调整鱼在嘴里的位置，直到鱼头朝上（下），才将猎物吞入口中，这样就可以避免鱼鳍刺伤食管。

隧道专家　精简筑窝

　　称翠鸟为"隧道专家"一点儿也不夸张，它的筑巢能力相当高超。翠鸟一般会把自己的巢建在离水边较远且高出地面很多的土坡断崖上。筑巢时，先是空中作业，像直升机似的悬停在空中，然后突然向前猛冲，一次次用它那凿子一样的大嘴凿击土崖上的峭壁，直到凿成一个小洞口。之后，开始凿洞，同时双脚迅速地把渣土扒出洞外。

　　翠鸟造出的窝上不着天、下不接地，蛇和鼠等动物是很难靠近的。翠鸟凿出的洞是笔直的，它会一直凿到 50 ～ 100 厘米深的地方，才扩成一个直径为 15 厘米左右的球形洞。在凿洞的过程中，如果遇上大石块或树根，它们就会放弃，换个地方重新开始。

http://news.163.com/

唯我独尊的强者

美满的生命圆舞曲

　　翠鸟在"婚姻"上有着"从一而终"的口碑，它们是一夫一妻制，终身只有一个配偶。当夫妇见面时，它们会以先高后低的音频打招呼，"唧唧"声从开始时的响亮、刺耳，逐渐变得低沉、柔和、平稳，是很有绅士风度的求偶方式。

精心养儿育女

　　翠鸟夫妇是很称职的父母，它们精心地养儿育女。育儿室是用自己吃下去的鱼骨和鱼鳞，通过反胃吐出来的半消化的骨骼残渣铺垫而成，柔软舒适。翠鸟每窝产卵 6 ~ 7 枚，每年孵化 1 ~ 2 窝，孵卵哺育的任务由夫妇共同完成。

　　它们喂养幼鸟也是很有规矩的。当给幼鸟喂食时，它们先挡住巢的入口，光线变暗，这是一个信号，这时幼鸟们便会排成圆形，每只幼鸟就可以公平地分到食物。

组图:《打渔郎》 获北京市环境摄影大奖赛 2014 年一等奖

组图：《它们的美食》

新干线的降噪工程师

新干线与翠鸟，听起来风马牛不相及，但它们之间确实有着不解之缘。

1964 年 10 月 1 日，东京奥运会前夕，日本新干线开始通车营运，成为全世界第一条投入商业营运的高速铁路系统。新干线的高铁列车发车间隔 5 分钟，是世界上屈指可数的几种适合大量运输的高速铁路系统之一。列车以"子弹列车"著名，全部采用动力分散式设计，使得行驶过程十分平稳。

当年，日本造出的第一列新干线列车时速达 120 英里／小时（约 193 千米／小时）。但是，如此快的列车却有一个让乘客无法忍受的缺点，就是列车行驶在隧道时，总是发出震耳欲聋的噪音，令人烦躁，一时间成为困扰人们的难题。

经过反复研究发现，新干线列车在高速行驶时不断挤压前面的空气，从而形成一堵"风墙"，当这堵"风墙"跟隧洞外面的空气相碰撞时，便会发出巨大的噪音，而且还增加了列车的阻力。如何解决这个问题，工程师费尽心思，收效却不明显。没想到，最终解决难题的思路灵感却是来自翠鸟。

翠鸟流线型的身体结构像把刀子，飞行时瞬间穿越空气，从水面掠过时也几乎不留一点涟漪。这是为什么呢？技术人员从翠鸟的嘴巴上找到了答案。经观察研究发现，翠鸟拥有一个流线形的长长的嘴巴，其直径逐渐增加，以便让水流顺畅地向后流动。以翠鸟的这个特征，通过仿生学的设计，设计人员对新干线子弹车头进行重新改造，研制出了新型的高铁列车并于 1997 年投入使用。实践证明，这种新型列车的行驶噪音显著下降，同时车速提升 10%、电力消耗降低 15%。

目前，日本新干线的列车运行车速可达到 270~300 千米／小时，最高纪录曾创下 443 千米／小时。

这样重大的技术创新成果，人类要感谢翠鸟，并给它记功！

http://baike.niaolei.org.cn/

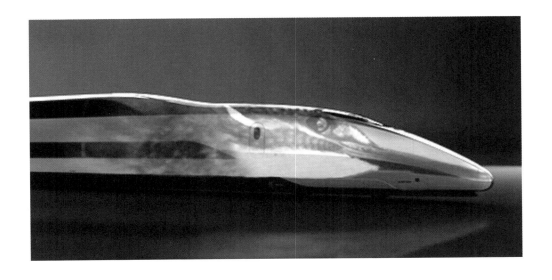

组图：《美丽多姿》

留鸟

　　根据迁徙的习性，可将鸟类区分为候鸟和留鸟两大类。

　　候鸟　因季节变化而迁徙的鸟。

　　留鸟　终年生活在一个地区，不随季节迁徙的鸟。留鸟的活动范围较小，终年生活在它们出生的区域里，不因季节变化而迁徙。如老鹰、麻雀、喜鹊、乌鸦等。

　　世界各地均有留鸟，只是在不同地区，种类不同。比较而言，在温暖的南方，留鸟的种类较多。北方地区的留鸟主要是有耐寒能力的种类，如麻雀、喜鹊、松鸡、雪鸡等。我国的留鸟主要有乌鸦、白头翁、画眉、鱼鹰、啄木鸟、鹰等。留鸟在冬季很难觅食，每到冬季，有的留鸟就成群结队地生活在一起，啄取植物的果实和种子为食。

http://enorth.com.cn/

http://bbs.hefei.cc/

珍贵的翠鸟羽毛

翠鸟是一种羽毛美丽的观赏鸟，背上、尾巴上的羽毛在某种角度的光线照射下会反射出翠绿色的光芒，即使羽毛掉落了也不会褪色。所以，翠鸟的羽毛可以用作工艺装饰品，非常漂亮。

中国从明清时代起，宫廷中就使用翠鸟的翠绿羽毛做画屏的配色，皇后戴的凤冠上也用翠鸟的羽毛做衬底，这些珍品在故宫、颐和园、定陵、长陵等宫殿内的摆设中可以看到。

这些珍贵的工艺品采用的是中国传统手工艺"点翠"，这是一种将翠鸟羽毛工艺和金属工艺相结合的传统首饰工艺。点翠工艺就是先用金或者镏金的金属做成不同图案的底座，然后再将翠鸟背部的蓝色羽毛剪下，仔细地粘贴在底座上。翠鸟羽毛根据部位和工艺的不同，可以呈现出不同的色彩，加上羽毛的自然纹理和幻彩光，可以使饰品生动活泼、富于变化。

http://bbs.hefei.cc/

http:// www.ssst.en/

翠鸟的羽毛为何这样鲜艳

　　翠鸟身上的羽毛集各种鲜亮颜色于一身，小小的翠鸟为何能够呈现出如此多迷人的色彩呢？经过专家们的研究与测试，发现翠鸟羽毛的漂亮颜色缘于羽毛中角质蛋白里含有的色素。而且，翠鸟羽毛中还有类似棱镜状的结构，在光的折射下可呈现出羽毛中的绚丽颜色。更神奇的是，羽毛中这些微小结构还会引导光线，让羽毛中的蓝色和翠绿色从不同的方向折射出来。

鸟类的仿生学

人类从大自然中获得奇妙的灵感，然后用来解决自己生存和生活中的问题，并逐渐发展成人类社会中的生产和科学技术。仿生学就是一门模仿生物的特殊本领，是利用生物的结构和功能原理来研制机械或各种新技术的科学。

http://tieba.baidu.com/

小巧的蜂鸟不仅能垂直起落，而且在吮吸花蜜时能取直立姿势，悬在空中进退自如；野鸭能悠然自得地飞行在 9500 米的半高空；鸽子能够感受地震；海鸥、信天翁这些海鸟可以通过眼睛附近的一条盐腺，把喝下去的海水中的盐分排出；鹰在高空具有超强的视力…… 鸟类这些超强的机能和技能让人类惊叹不已，人们研究这些结构和功能原理并加以模拟，用来改善现有的或创造新的机械、仪器、工艺，这就是鸟类仿生学研究的一项重要内容。

http://life.hljtv.com/

http://tieba.baidu.com/

http://article.yeeyan.org/

"翠鸟移巢" 的寓言

　　"翠鸟移巢"是一个寓言故事。讲的是翠鸟父母为了生儿育女，先是把巢搭在高高的地方以防避祸患。等到小鸟孵出后、长出了羽毛，翠鸟父母为防范小鸟从树上掉下，又把巢做得低一些。于是，人们就把它们的宝宝捉走了。翠鸟的爸爸妈妈为了保护自己的孩子、使其免遭下坠毁身之灾，一再移巢，却遭遇了更大的丧子之祸。

　　这则故事的寓意说明如果父母对子女过分溺爱、娇惯，到头来是害了他们。

结束语

　　我们用自己拍摄的照片和有限的认知，为读者讲述了小翠鸟的美丽故事。镜头将行动神速的小翠鸟栩栩如生地呈现在我们面前，它们美得让人眼花缭乱，它们鲜活的姿态令人惊羡不已。

　　在本书的编写过程中，我们被小小的翠鸟感动：它们用自己身体的绚丽色彩赢得了人们的青睐，被人视为珍宠；它们用自己身怀的绝技坚守住自己的领地，成为唯我独尊的生命强者；它们用自己忠贞的爱情、精心的育儿行为谱写了完美的生命圆舞曲；更为可贵的是，它们以自己独特的流线形长嘴为人类解决高铁降噪的难题带来了灵感。

　　在野外拍摄的过程中，我们有幸捕捉到翠鸟很多的精彩瞬间。然而，由于翠鸟喜欢生活人烟稀少的河流沿岸，我们很少能见到它们的身影，这也是我们人类的遗憾。保护绿色的生态环境，还鸟儿们一方生存乐土，我们就能欣赏到更多的鸟儿。地球上若没有鸟儿，那将是一个没有生机，没有活力的世界。

　　翠鸟虽然弱小，但它拥有和我们同样的美丽生命。人类虽然强大，也需要深怀敬畏大自然的虔诚和爱护鸟儿的柔情。亲爱的读者，如果你能在阅读本书之后喜欢上小翠鸟，并想要为保护它们的生存家园尽一份力，那将使笔者感到莫大的欣慰。

　　让我们再次感谢翠鸟工程师！

张　晶　陈建国